Alejandro Nesci
Ricardo Baldizon
Carlos Mendoza

Cimientos Sólidos:

Alejandro Nesci
Ricardo Baldizon
Carlos Mendoza

Cimientos Sólidos:

la intersección de la ingeniería y la administración en infraestructura

Editorial Académica Española

Imprint

Any brand names and product names mentioned in this book are subject to trademark, brand or patent protection and are trademarks or registered trademarks of their respective holders. The use of brand names, product names, common names, trade names, product descriptions etc. even without a particular marking in this work is in no way to be construed to mean that such names may be regarded as unrestricted in respect of trademark and brand protection legislation and could thus be used by anyone.

Cover image: www.ingimage.com

Publisher:
Editorial Académica Española
is a trademark of
Dodo Books Indian Ocean Ltd. and OmniScriptum S.R.L publishing group

120 High Road, East Finchley, London, N2 9ED, United Kingdom
Str. Armeneasca 28/1, office 1, Chisinau MD-2012, Republic of Moldova, Europe
Printed at: see last page
ISBN: 978-613-9-40487-2

Cimientos Sólidos: la intersección de la ingeniería y la administración en infraestructura

Autores:

Alejandro Enrique Nesci Montalvan

Ricardo José Baldizón López

Carlos Alexander Mendoza Jacomino

Tabla de contenido

1 Capítulo 1: la intersección de la ingeniería y la administración en Infraestructura

1.1 Introducción

La construcción de infraestructura es una disciplina fundamental para el desarrollo de cualquier sociedad moderna, ya que establece las bases para la creación de sistemas esenciales que soportan el funcionamiento diario de ciudades, comunidades y regiones enteras. Desde autopistas y puentes hasta sistemas de distribución de agua, electricidad, redes de telecomunicaciones y hospitales, cada proyecto de infraestructura representa un esfuerzo multidimensional que no solo responde a necesidades inmediatas, sino que busca sentar las bases para el crecimiento y la sostenibilidad a largo plazo. *(Project Management Institute, 2021).*

El proceso de desarrollo de infraestructura involucra múltiples etapas: desde la identificación de necesidades y la planificación inicial, pasando por el diseño técnico y la ejecución, hasta la operación y el mantenimiento a largo plazo. En cada una de estas etapas, la precisión técnica es crucial, y es aquí donde la ingeniería juega un rol esencial. La ingeniería proporciona el conocimiento científico necesario para diseñar y construir estructuras seguras y eficientes, asegurando que cumplan con los estándares de seguridad, funcionalidad y durabilidad que exige un proyecto de esta naturaleza. (Bent, J. A., & Humphreys, K. K. (2009).

No obstante, la ejecución de proyectos de infraestructura va mucho más allá del ámbito puramente ingenieril. *(Chan, 2014).*Si bien la ingeniería garantiza que los aspectos técnicos y estructurales de los proyectos sean viables y cumplan con los requisitos de calidad y seguridad, la verdadera consolidación de estos proyectos solo es posible mediante una gestión administrativa eficiente. Esta gestión abarca la planificación financiera, el control de costos, la asignación estratégica de recursos, la gestión de equipos humanos, la mitigación de riesgos, el cumplimiento de plazos y el monitoreo constante del avance de las obras. Sin una base administrativa sólida, incluso el diseño técnico más innovador y efectivo podría enfrentar importantes desafíos operativos, de sostenibilidad e incluso de cumplimiento legal.

En este contexto, la integración de la administración y la ingeniería en infraestructura cobra especial relevancia. Los proyectos actuales de infraestructura son cada vez más complejos, costosos y ambiciosos, lo que demanda una colaboración estrecha y constante entre ingenieros y administradores desde la fase de planificación hasta la conclusión del proyecto. Esta colaboración interdisciplinaria permite que cada disciplina aporte sus fortalezas: la ingeniería garantiza la precisión técnica, la innovación y el cumplimiento de especificaciones estructurales, mientras que la administración asegura que cada aspecto del proyecto se mantenga dentro de los límites presupuestarios, temporales y normativos necesarios. En un entorno donde las demandas de sostenibilidad y responsabilidad social crecen constantemente, esta colaboración se convierte en un imperativo, permitiendo que los proyectos sean tanto técnicamente sólidos como financieramente viables y socialmente responsables. *(Rodríguez et al., 2019).*

La importancia de la intersección entre la ingeniería y la administración se evidencia aún más en un contexto donde los recursos son limitados y las exigencias de sostenibilidad ambiental y responsabilidad social son cada vez mayores. Actualmente, los proyectos de infraestructura deben ser pensados y ejecutados con una perspectiva de sostenibilidad a largo plazo, lo que significa minimizar el impacto ambiental, optimizar el uso de recursos y asegurar la durabilidad de las construcciones en el tiempo. La administración de proyectos en infraestructura no solo se encarga de controlar los costos, sino también de incorporar enfoques y prácticas sostenibles en la planificación y ejecución, tales como la utilización de materiales reciclables, el diseño de estructuras energéticamente eficientes y la reducción de residuos en la construcción.   (Bent, J. A., & Humphreys, K. K. (2009).

Este capítulo explora en profundidad la intersección de la ingeniería y la administración en infraestructura, resaltando la importancia de la colaboración interdisciplinaria para alcanzar los objetivos de los proyectos. Se examinan las distintas fases de un proyecto de infraestructura y cómo ingenieros y administradores deben trabajar en conjunto para superar desafíos técnicos, económicos y ambientales. La planificación estratégica, la gestión de recursos humanos y materiales, el control de calidad y el cumplimiento de normativas locales e internacionales son solo algunos de los aspectos que requieren una integración efectiva de ambas disciplinas. A través de un análisis detallado de cada una de estas áreas, se pretende demostrar que la sinergia entre ingeniería y administración no solo facilita la ejecución de proyectos más eficientes y de mayor calidad, sino que también promueve una infraestructura que contribuye al bienestar de la sociedad y al progreso económico. (Ahmed, S., Farooqui, R., & Saqib, M. (2019).

En última instancia, la colaboración entre ingeniería y administración en el ámbito de la infraestructura permite construir proyectos más sólidos, resilientes y adaptados a las necesidades cambiantes de las comunidades. Los proyectos de infraestructura que integran ambas disciplinas de manera efectiva son capaces de responder a los desafíos actuales de urbanización acelerada, cambio climático y demanda de recursos, brindando soluciones que son tanto innovadoras como sostenibles. La infraestructura moderna no solo debe satisfacer las necesidades actuales, sino también anticiparse a las futuras, y es precisamente en esta visión a largo plazo donde la colaboración entre ingeniería y administración cobra una relevancia crucial. (Smith, P. G., & Reinertsen, D. G. (2014).

1.2 Planeación y Diseño en Proyectos de Infraestructura

En la fase de planeación y diseño, los ingenieros y administradores desempeñan roles complementarios que resultan esenciales para el éxito de cualquier proyecto de infraestructura. Esta etapa inicial es fundamental, ya que establece los cimientos para el desarrollo del proyecto, definiendo sus objetivos, alcances y requisitos con la mayor claridad posible. Durante esta fase, los ingenieros y administradores trabajan en conjunto para identificar las necesidades y expectativas de los involucrados, como los patrocinadores del proyecto, las comunidades afectadas y las entidades reguladoras. La colaboración interdisciplinaria en esta fase ayuda a garantizar que se consideren todos los aspectos del proyecto antes de avanzar a la ejecución, lo que minimiza el riesgo de problemas imprevistos y sobrecostos. (Kerzner, 2017).

La participación administrativa en la fase de planeación es clave para evaluar la factibilidad financiera y realizar un análisis de costos y beneficios. Este análisis permite determinar si el proyecto puede ejecutarse dentro de los recursos disponibles y, en caso de que no sea viable, identificar alternativas o ajustes que permitan su ejecución. Los administradores se encargan de proyectar los costos de cada una de las actividades que componen el proyecto, desde el diseño hasta la construcción, pasando por el mantenimiento. También contemplan el presupuesto disponible y establecen un plan financiero que cubra todos los aspectos necesarios. Esto puede incluir desde la búsqueda de fuentes de financiamiento adicionales, como créditos o subvenciones, hasta la planificación de pagos y la estimación de retornos de inversión para proyectos que generarán ingresos. Este análisis financiero temprano ayuda a que el proyecto sea sostenible a lo largo de su ciclo de vida y a que los recursos sean gestionados de forma eficiente. (Bent, J. A., & Humphreys, K. K. (2009).

Por su parte, los ingenieros se centran en la viabilidad técnica, un componente crucial que define cómo se llevará a cabo el proyecto desde el punto de vista estructural, funcional y de diseño. Evaluan las condiciones del terreno, los materiales disponibles, las necesidades de infraestructura y las tecnologías que se emplearán para garantizar que el proyecto sea técnicamente factible. Este trabajo incluye la selección de tecnologías apropiadas y la elaboración de diseños preliminares que se ajusten a las condiciones específicas del sitio y a los requisitos técnicos y funcionales del proyecto. Además, los ingenieros trabajan en la identificación de posibles desafíos técnicos, como el tipo de suelo, las condiciones climáticas y otros factores que podrían afectar el desarrollo del proyecto. Gracias a sus conocimientos especializados, pueden proponer soluciones técnicas que permitan alcanzar los objetivos del proyecto de manera segura, eficiente y en cumplimiento con los estándares de calidad. (Walker & Rowlinson, 2008).

La planificación detallada en esta etapa también contribuye a minimizar riesgos y costos imprevistos, lo cual es de suma importancia para la viabilidad y el éxito del proyecto a largo plazo. Un plan exhaustivo incluye la elaboración de cronogramas que detallan cada etapa del proyecto, desde la preparación del terreno hasta la entrega final, y contempla las contingencias que puedan surgir. La administración se encarga de establecer estos cronogramas en colaboración con el equipo de ingeniería, asegurando que se contemplen plazos realistas y que se asignen recursos de manera adecuada. Además, se implementan estrategias para la gestión de riesgos, tales como la identificación de potenciales problemas y la creación de planes de contingencia. Estas estrategias permiten a los administradores y a los ingenieros estar preparados ante cualquier eventualidad que pueda surgir durante la ejecución del proyecto.

Finalmente, la fase de planeación y diseño también facilita la comunicación con otros actores clave, como autoridades regulatorias y la comunidad local. La transparencia y claridad en esta etapa permiten anticipar y resolver conflictos de intereses, obtener permisos y aprobaciones necesarios y establecer relaciones de confianza con las partes interesadas. La colaboración entre ingenieros y administradores durante esta etapa no solo asegura que el proyecto sea técnica y financieramente viable, sino que también ayuda a crear un proyecto más cohesivo y adaptado a las expectativas de todos los involucrados. Esta planificación exhaustiva permite que la ejecución del proyecto sea más fluida y reduce significativamente el riesgo de enfrentar problemas que podrían afectar su viabilidad, calidad y sostenibilidad en el futuro.

1.3 Gestión de Recursos y Presupuestos

La administración de los recursos financieros y humanos es una tarea crítica en la ejecución de proyectos de infraestructura, ya que garantiza que cada recurso se use de manera eficiente y sostenible a lo largo de las diversas fases del proyecto. La sostenibilidad financiera y operacional depende en gran medida de la planificación y distribución precisa de estos recursos, lo que permite al equipo de proyecto cumplir con sus objetivos dentro de los límites presupuestarios y de tiempo establecidos, evitando a la vez desperdicios y sobrecostos que pueden comprometer el proyecto en el largo plazo. (Meredith, J. R., & Mantel, S. J. (2017).

Desde una perspectiva financiera, la administración se encarga de establecer un presupuesto detallado que abarca todas las actividades del proyecto, desde la planeación inicial hasta la ejecución y el mantenimiento. (Cleland & Ireland, 2013). Este presupuesto incluye partidas para cada componente, como materiales, mano de obra, equipos, permisos y otros costos indirectos. Además, en los proyectos de infraestructura suelen existir gastos imprevistos, como fluctuaciones en el precio de los materiales o gastos adicionales derivados de retrasos. Los administradores del proyecto deben anticiparse a estos posibles gastos e incluir en el presupuesto una reserva financiera que permita cubrirlos sin afectar el desarrollo de la obra. Para esto, emplean técnicas de estimación de costos y de gestión de riesgos que ayudan a calcular la inversión necesaria de forma más precisa.

Además, la administración financiera se encarga de la programación de pagos y el flujo de caja, asegurando que los recursos económicos estén disponibles en el momento adecuado y en la cantidad necesaria para cada etapa del proyecto. Esto es particularmente importante en proyectos de infraestructura, donde los plazos de pago de proveedores, contratistas y otros servicios deben estar alineados con los tiempos de entrega de cada fase. Una gestión de flujo de caja adecuada evita interrupciones y asegura que no haya demoras causadas por falta de fondos en momentos clave del proyecto. (Bent & Humphreys, 2009).

Por otro lado, la administración de los recursos humanos es igualmente esencial para el desarrollo sostenible del proyecto. En proyectos de infraestructura de gran envergadura, el equipo puede incluir desde obreros y técnicos hasta ingenieros, arquitectos, gerentes de proyecto y especialistas en diferentes áreas. La administración se encarga de coordinar y optimizar el uso de todos estos recursos humanos, asegurando que cada persona esté asignada a las tareas que mejor se adecuen a sus habilidades y experiencia. Este proceso de distribución de tareas también debe considerar la eficiencia operativa, de forma que no haya duplicación de esfuerzos o tiempos de inactividad que puedan reducir la productividad del equipo. (Chan, A. P. (2014).

La ingeniería, por su parte, juega un rol fundamental en la optimización del uso de materiales y tecnologías dentro del marco presupuestario establecido. Una de las maneras en que los ingenieros logran esto es mediante la selección de materiales de alta durabilidad y de tecnologías de construcción avanzadas que permitan mejorar la eficiencia sin incrementar de manera significativa los costos. Por ejemplo, pueden elegir técnicas constructivas que reduzcan la cantidad de desperdicios o que agilicen los tiempos de construcción, ahorrando tanto recursos financieros como mano de obra. Además, los ingenieros pueden emplear herramientas de modelado y simulación que permiten prever el comportamiento de los materiales y la estructura final, minimizando la posibilidad de errores costosos. (Project Management Institute, 2021).

La sinergia entre administración e ingeniería en el uso de los recursos es esencial para adaptar los costos a la realidad del proyecto, lo que se traduce en una mayor sostenibilidad. Para maximizar los beneficios de esta colaboración, ambas áreas trabajan en constante comunicación y ajuste de estrategias según las necesidades específicas que surjan durante el proyecto. Esta colaboración es clave para desarrollar una infraestructura no solo funcional, sino también económica y eficiente en el uso de recursos. (Chan, A. P. (2014).

1.4 Control de Calidad y Cumplimiento Normativo

El control de calidad y el cumplimiento de las normativas son pilares fundamentales en el desarrollo de proyectos de infraestructura, ya que garantizan que las obras se ejecuten bajo los más altos estándares técnicos y en concordancia con las leyes y regulaciones vigentes. Estos aspectos son críticos no solo para asegurar la seguridad y durabilidad de las estructuras, sino también para proteger a los involucrados del proyecto de riesgos legales y de posibles sanciones que podrían derivarse del incumplimiento normativo. En este contexto, la colaboración entre ingenieros y administradores es clave para alcanzar una calidad óptima, desde la etapa de diseño hasta la finalización y entrega de la obra.

Desde la perspectiva técnica, los ingenieros son responsables de asegurar que cada aspecto del proyecto cumpla con los estándares de calidad establecidos, los cuales suelen estar definidos por normativas de seguridad, eficiencia y funcionalidad. Esto incluye la realización de pruebas y ensayos de los materiales, la verificación de la resistencia estructural y el cumplimiento de especificaciones detalladas en los planos y diseños. Además, los ingenieros supervisan la ejecución de las obras para asegurarse de que los procedimientos se realicen de acuerdo con las prácticas recomendadas y que se utilicen las herramientas y tecnologías adecuadas. Las auditorías y revisiones técnicas periódicas son fundamentales para detectar posibles errores en fases tempranas y corregirlos antes de que representen problemas significativos o pongan en riesgo la integridad de la construcción. (Instituto de Gestión de Proyectos. (2021).

El control de calidad también implica la implementación de sistemas de gestión de calidad, como las normas ISO 9001 en proyectos de infraestructura. Estas normas proporcionan un marco estructurado que ayuda a gestionar y optimizar los procesos de construcción, estableciendo procedimientos de verificación y documentación de cada etapa. La aplicación de estos sistemas no solo facilita el control de calidad, sino que también permite realizar un seguimiento y una mejora continua, lo que resulta en un proyecto final que cumple con los más altos estándares técnicos y de satisfacción del cliente. (Instituto de Gestión de Proyectos. (2021).

Desde el punto de vista administrativo, la responsabilidad de garantizar que el proyecto cumpla con las normativas locales e internacionales recae en el equipo de administración, quienes se aseguran de que cada etapa del proyecto esté en conformidad con los requisitos legales. En infraestructura, el marco normativo suele abarcar una amplia gama de aspectos, incluyendo leyes de urbanismo, normas ambientales, regulaciones de seguridad laboral, y estándares de construcción específicos para cada región. La administración se encarga de coordinar con las autoridades reguladoras, obteniendo los permisos necesarios y asegurando que todas las actividades cumplan con las disposiciones legales. Esta labor es crucial para evitar sanciones, multas y paralizaciones de obra que podrían resultar en pérdidas económicas y retrasos en el proyecto. (Kerzner, H. (2017).

La colaboración entre ingeniería y administración en el control de calidad y el cumplimiento normativo permite abordar los problemas de manera integral y efectiva. Los ingenieros proporcionan la información técnica necesaria para cumplir con los estándares de calidad, mientras que el equipo administrativo asegura que se tomen en cuenta todas las regulaciones y normativas. Juntos, trabajan para establecer un plan de cumplimiento que cubra tanto los requisitos técnicos como los legales, creando un entorno de trabajo seguro y en conformidad con las disposiciones reglamentarias. Esta colaboración reduce considerablemente los riesgos legales, pues asegura que cada aspecto del proyecto ha sido considerado en detalle y que se cuenta con la documentación y las aprobaciones necesarias para su ejecución. (Rodríguez, A., González, L., & Ramírez, M. (2019).

Además, el cumplimiento de normativas y el control de calidad no solo se limitan a la fase de construcción, sino que también se extienden al periodo de mantenimiento y operación de la infraestructura. La administración se encarga de garantizar que las instalaciones continúen cumpliendo con las normativas vigentes y que se realicen las revisiones periódicas de acuerdo con las recomendaciones de los ingenieros. Esta continuidad es esencial para mantener la infraestructura en óptimas condiciones, garantizar la seguridad de los usuarios y extender la vida útil del proyecto, lo que a su vez contribuye a la sostenibilidad económica y social de la obra. (Kerzner, H. (2018).

En última instancia, el control de calidad y el cumplimiento de las normativas son fundamentales para el éxito y la sostenibilidad de cualquier proyecto de infraestructura. La colaboración entre ingeniería y administración en estos aspectos no solo asegura una infraestructura de alta calidad, sino que también protege a todos los involucrados y beneficia a la comunidad en general al proporcionar un proyecto seguro, funcional y conforme a las normativas. (Schwaber, K., & Sutherland, J. (2017)

1.4.1 Innovaciones Tecnológicas en Infraestructura

Desde la perspectiva de la ingeniería, la implementación de nuevas tecnologías ha permitido avanzar significativamente en la eficiencia, la calidad y la seguridad de las construcciones. Una de las herramientas más transformadoras en este ámbito es el Modelado de Información de Construcción (BIM), que permite a los ingenieros crear representaciones digitales precisas de los proyectos antes de que se inicie la construcción física. Esta tecnología no solo mejora la planificación y la coordinación entre los diferentes equipos de trabajo, sino que también facilita la identificación de posibles problemas en las etapas tempranas del proyecto. Con el BIM, es posible simular el rendimiento del edificio a lo largo de su vida útil, ayudando a optimizar el diseño y seleccionar materiales que minimicen el impacto ambiental. Esto resulta especialmente valioso en proyectos grandes y complejos, donde los errores de coordinación pueden llevar a costos significativos. (Eastman et al., 2011).

Además, la incorporación de drones en el monitoreo y la evaluación de sitios de construcción ha cambiado radicalmente la forma en que se gestionan los proyectos de infraestructura. Los drones permiten realizar inspecciones aéreas rápidas y precisas, lo que facilita la supervisión de grandes áreas y la recopilación de datos en tiempo real. Esto no solo mejora la seguridad al reducir la necesidad de que los trabajadores accedan a áreas peligrosas, sino que también permite a los ingenieros tomar decisiones informadas basadas en datos precisos y actualizados. Los drones son capaces de crear mapas topográficos detallados y modelos en 3D, que son cruciales para la planificación y el diseño.

Otra innovación significativa en la construcción es la impresión 3D, que ha demostrado ser una herramienta eficaz para la creación de componentes estructurales personalizados de manera rápida y eficiente. Esta tecnología reduce el desperdicio de materiales y los costos de producción, al tiempo que permite una mayor flexibilidad en el diseño. La impresión 3D no solo puede utilizarse para crear elementos arquitectónicos complejos, sino que también se está explorando en la construcción de viviendas, puentes y otras infraestructuras. A través de esta técnica, se pueden imprimir casas en un corto periodo, lo que podría ofrecer soluciones rápidas a la crisis de vivienda en diversas partes del mundo. (Wu et al., 2016).

1.4.2 Prácticas Sostenibles en Infraestructura

Paralelamente a estos avances tecnológicos, la administración de proyectos juega un papel crucial en la integración de prácticas sostenibles en la infraestructura moderna. Las decisiones sobre la selección de materiales, la gestión de residuos y la eficiencia energética son ahora parte integral de la planificación y ejecución de proyectos. La administración trabaja para establecer políticas que fomenten el uso de materiales reciclables y sostenibles, así como prácticas de construcción que reduzcan el impacto ambiental. Esto incluye la implementación de sistemas de gestión ambiental que evalúen y minimicen la huella ecológica de cada proyecto, asegurando que se cumplan las normativas ambientales y se obtengan las certificaciones necesarias, como LEED (Leadership in Energy and Environmental Design) y BREEAM (Building Research Establishment Environmental Assessment Method).

La sostenibilidad no solo implica utilizar materiales reciclables o de origen responsable, sino también considerar el ciclo de vida completo de los productos utilizados en la construcción. Esto se refiere a evaluar el impacto ambiental de los materiales desde su extracción hasta su disposición final. Los administradores de proyectos ahora están cada vez más enfocados en seleccionar productos que no solo sean funcionales, sino que también tengan una menor huella de carbono. Por ejemplo, se ha promovido el uso de concreto reciclado y la incorporación de biocomponentes en los materiales de construcción, que pueden reducir significativamente el impacto ambiental. (Giesekam et al., 2016).

Asimismo, la administración debe abordar el concepto de diseño pasivo, que optimiza la eficiencia energética de los edificios mediante la planificación cuidadosa de su orientación, el uso de materiales que regulen la temperatura y la maximización de la luz natural. La implementación de estrategias de diseño pasivo puede reducir la dependencia de sistemas de climatización mecánicos, disminuyendo así el consumo de energía y las emisiones asociadas. Este enfoque, combinado con tecnologías activas como paneles solares y sistemas de recuperación de agua, puede transformar un edificio en una estructura verdaderamente sostenible. (Smith et al., 2017).

1.4.3 Sostenibilidad en la Rehabilitación de Infraestructuras

Es importante señalar que la sostenibilidad en la infraestructura no se limita a la construcción de nuevos edificios o estructuras. También se extiende al mantenimiento y la rehabilitación de las infraestructuras existentes. La administración debe considerar prácticas de renovación sostenible que extiendan la vida útil de las instalaciones sin necesidad de demoler y reconstruir, lo que a menudo implica un uso intensivo de recursos. Las técnicas de rehabilitación incluyen la restauración de materiales originales y la modernización de sistemas antiguos, asegurando que la infraestructura pueda cumplir con las necesidades actuales sin comprometer su integridad o generar una cantidad excesiva de residuos. (Becerik-Gerber, B., Jazizadeh, F., Li, N., & Calis, G. (2012).

Por ejemplo, en el caso de la rehabilitación de puentes, los ingenieros pueden utilizar tecnologías avanzadas para evaluar la estructura existente, identificando áreas que requieren refuerzo sin necesidad de una reconstrucción completa. Esto no solo ahorra recursos, sino que también preserva la historia y el carácter de la infraestructura existente. Las prácticas de reutilización y reciclaje de materiales en las obras de rehabilitación son igualmente cruciales para minimizar el impacto ambiental y reducir costos. (Cleland, D. I., & Ireland, L. R. (2013).

1.4.4 Colaboración Interdisciplinaria

La colaboración entre ingenieros y administradores es esencial para garantizar que las innovaciones tecnológicas y las prácticas sostenibles se integren de manera efectiva en los proyectos. Este proceso implica un enfoque de trabajo conjunto en la investigación y el desarrollo de nuevas soluciones que respondan a los desafíos contemporáneos de la infraestructura. Por ejemplo, los ingenieros pueden desarrollar nuevas técnicas de construcción que incorporen criterios de sostenibilidad, mientras que la administración se asegura de que estas técnicas se implementen dentro del marco presupuestario y regulatorio establecido.

El intercambio de conocimientos entre estas disciplinas es fundamental para abordar los problemas de manera integral. Por ejemplo, los ingenieros deben ser conscientes de las implicaciones financieras de las tecnologías que proponen, y los administradores deben estar informados sobre las últimas innovaciones disponibles en el campo de la ingeniería. Juntos, pueden crear un entorno en el que se priorice la sostenibilidad, no solo como un requisito normativo, sino como una práctica esencial que fomente la innovación y la eficiencia en todos los aspectos del proyecto.

1.4.5   La Sostenibilidad como Necesidad Imperante

En el contexto de la infraestructura moderna, la sostenibilidad ya no es opcional, sino una necesidad imperante. A medida que las ciudades crecen y la demanda de infraestructura aumenta, es fundamental adoptar enfoques que minimicen el impacto ambiental y maximicen la eficiencia en el uso de recursos. La integración de nuevas tecnologías y prácticas sostenibles en la planificación, diseño y construcción de infraestructuras no solo contribuye a la creación de entornos más resilientes y adaptados a las necesidades futuras, sino que también promueve un desarrollo económico sostenible que beneficia a las comunidades y al planeta en su conjunto.

La presión global para combatir el cambio climático ha llevado a muchos países a establecer metas ambiciosas de reducción de emisiones de carbono y uso de energías renovables. En este contexto, los proyectos de infraestructura deben alinearse con estas metas, promoviendo la construcción de edificios energéticamente eficientes, sistemas de transporte sostenibles y redes de servicios públicos que minimicen el desperdicio y maximicen el uso de recursos renovables.

1.4.6   Implicaciones a Largo Plazo

Finalmente, es fundamental considerar las implicaciones a largo plazo de la implementación de tecnologías sostenibles y prácticas de construcción responsables. A medida que la población mundial sigue creciendo, se espera que la demanda de infraestructura también aumente. Por lo tanto, la planificación y construcción de estas infraestructuras deben hacerse de manera que se considere no solo el contexto actual, sino también el impacto que tendrán en las generaciones futuras. Esto implica un enfoque preventivo que considere la adaptabilidad de las infraestructuras frente a los cambios climáticos y los desafíos sociales y económicos que puedan surgir.

1.5 Conclusión

En conclusión, la ingeniería y la administración son dos disciplinas interdependientes en la construcción de infraestructura. Su colaboración efectiva es fundamental para el éxito de cualquier proyecto, ya que asegura que no solo se cumplan los requisitos técnicos y de calidad, sino que también se logre una viabilidad financiera y una sostenibilidad a largo plazo.

La sinergia entre ingenieros y administradores permite una planificación más integral y adaptativa, capaz de anticipar y mitigar riesgos. Este enfoque colaborativo es especialmente importante en un contexto global en constante cambio, donde los desafíos ambientales y sociales exigen soluciones innovadoras y responsables. Además, al integrar la sostenibilidad en el proceso de diseño y ejecución, no solo se optimizan los recursos y se minimiza el impacto ambiental, sino que también se garantiza que las infraestructuras sean resilientes y se adapten a las necesidades futuras de las comunidades. (Project Management Institute [PMI]. (2017).

La intersección de la ingeniería y la administración, por lo tanto, se convierte en un pilar esencial para el desarrollo de infraestructuras que no solo respondan a las demandas actuales, sino que también sean capaces de perdurar en el tiempo, ofreciendo beneficios tangibles a las generaciones venideras. Este enfoque no solo promueve un desarrollo equitativo y sostenible, sino que también fomenta una cultura de innovación y responsabilidad compartida, fundamental para construir un futuro más próspero y sostenible para todos.

2 Capítulo 2: gestión de recursos y sostenibilidad en infraestructura

La gestión de recursos y la sostenibilidad son elementos clave en el desarrollo de proyectos de infraestructura. En un mundo donde el crecimiento urbano y el cambio climático presentan desafíos cada vez mayores, la manera en que se gestionan los recursos y se aplica la sostenibilidad se ha convertido en un factor determinante para el éxito de cualquier proyecto de infraestructura. La correcta administración de los recursos materiales, financieros y humanos es fundamental para garantizar no solo la viabilidad económica del proyecto, sino también su impacto positivo en el entorno y su capacidad de satisfacer las necesidades de las generaciones actuales y futuras. La gestión adecuada permite una utilización eficiente de los recursos, evitando el desperdicio, reduciendo costos y minimizando los impactos negativos sobre el medio ambiente.

La administración de recursos materiales implica una planificación exhaustiva para determinar la cantidad, el tipo y la calidad de los materiales requeridos, así como la logística necesaria para asegurar su disponibilidad en el momento adecuado. Seleccionar materiales sostenibles y de bajo impacto ambiental, como aquellos que son reciclados o producidos de manera responsable, contribuye de manera significativa a la sostenibilidad general del proyecto. Además, se deben considerar factores como la durabilidad y el ciclo de vida de los materiales, para garantizar que las infraestructuras construidas sean resilientes y puedan soportar condiciones adversas con un mínimo mantenimiento a lo largo del tiempo. (Vanegas, 2019).

La gestión financiera también desempeña un papel crucial en la sostenibilidad del proyecto. La planificación financiera debe incluir no solo los costos directos de construcción, sino también los costos a largo plazo asociados con el mantenimiento y la operación de la infraestructura. Un enfoque financiero sostenible implica la identificación de fuentes de financiamiento que apoyen prácticas responsables, como fondos destinados a proyectos ecológicos o asociaciones público-privadas que promuevan el desarrollo sostenible. Además, una administración financiera eficiente contribuye a optimizar la relación costo-beneficio, asegurando que cada inversión realizada se traduzca en mejoras reales en la infraestructura y en beneficios tangibles para la comunidad.

En cuanto a la gestión de recursos humanos, es esencial contar con un equipo capacitado y comprometido con los objetivos de sostenibilidad del proyecto. La capacitación continua en técnicas de construcción sostenible, el uso de nuevas tecnologías y el cumplimiento de normativas ambientales permite que los trabajadores desempeñen sus tareas de manera más eficiente y consciente del impacto que estas pueden tener en el entorno. Además, un buen clima laboral y la adecuada asignación de responsabilidades contribuyen a una mayor productividad y, por ende, a un mejor aprovechamiento de los recursos disponibles. (Rodríguez, A., González, L., & Ramírez, M. (2019).

El enfoque en la sostenibilidad no se limita a la etapa de construcción; también debe estar presente en la operación y el mantenimiento de la infraestructura. Esto implica diseñar proyectos que sean energéticamente eficientes, que utilicen fuentes de energía renovable y que estén preparados para adaptarse a las condiciones cambiantes del entorno, como el aumento de las temperaturas o la mayor frecuencia de eventos climáticos extremos. La colaboración entre ingenieros y administradores es fundamental para garantizar que estos aspectos se integren desde la fase de diseño y planificación, permitiendo que la infraestructura sea funcional y sostenible a lo largo de todo su ciclo de vida. (Cortés, 2018).

Este capítulo profundiza en cómo la administración y la ingeniería colaboran para optimizar los recursos y fomentar prácticas sostenibles. La integración de prácticas sostenibles en todas las fases del proyecto, desde la planificación hasta la operación, no solo contribuye a la preservación del medio ambiente, sino que también asegura que la infraestructura cumpla con los estándares actuales de calidad y resiliencia. A través de una gestión efectiva y una colaboración interdisciplinaria, es posible crear infraestructuras que no solo satisfagan las necesidades de la sociedad actual, sino que también protejan los recursos y el bienestar de las generaciones futuras. (Occupational Safety and Health Administration [OSHA]. (2020).

2.1 Gestión de Recursos Financieros

La gestión financiera en infraestructura implica la planificación, asignación y monitoreo de los recursos económicos necesarios para cada fase del proyecto, desde la concepción y el diseño hasta la ejecución, operación y mantenimiento. Es una de las funciones más críticas en la administración de proyectos de infraestructura, ya que garantiza la disponibilidad de fondos en el momento adecuado, asegurando así que el proyecto avance sin interrupciones y con una distribución eficiente de los recursos financieros. (Arce-Ruiz, 2017)

La planificación financiera es el primer paso y uno de los más importantes, ya que permite anticipar todos los costos involucrados y establecer un presupuesto detallado que contemple todas las actividades del proyecto. Esta planificación no solo incluye los costos de construcción, sino también aquellos asociados con estudios previos como la evaluación ambiental, los estudios de factibilidad y el diseño. Además, se deben considerar los costos a largo plazo, tales como el mantenimiento preventivo y correctivo, las operaciones de infraestructura una vez completada y la eventual renovación. Un presupuesto detallado y bien planificado puede prevenir la mayoría de los problemas financieros que suelen afectar los proyectos de infraestructura, como los sobrecostos y los retrasos. (Cortés, 2018).

La asignación de recursos financieros, por otro lado, es la actividad que asegura que cada área del proyecto cuente con los fondos necesarios en el momento preciso. Esto implica priorizar gastos, asegurarse de que el flujo de caja sea suficiente y gestionar de manera eficiente los ingresos y egresos. Para una infraestructura compleja, esto significa prever los pagos a proveedores de materiales, contratistas, subcontratistas y servicios, y hacer un seguimiento para garantizar que todas las obligaciones financieras se cumplan de manera puntual. La administración debe ser capaz de prever cualquier desviación en el flujo de efectivo y contar con estrategias para mitigar estas desviaciones, tales como la búsqueda de financiamiento adicional o la reprogramación de pagos. (Lock, D. (2020).

El monitoreo constante del flujo financiero es igualmente esencial para asegurar que el proyecto se mantenga dentro del presupuesto establecido. Los proyectos de infraestructura suelen ser de gran envergadura y extenderse durante meses o incluso años, por lo que es común que surjan cambios o imprevistos que afecten el costo inicial estimado. Aquí es donde la colaboración entre administradores e ingenieros resulta crucial. Los ingenieros tienen un conocimiento profundo de las necesidades técnicas del proyecto y son quienes pueden identificar si algún cambio en el diseño o en los materiales es necesario. Sin embargo, cualquier modificación debe ser evaluada desde una perspectiva financiera por los administradores, quienes determinarán si el cambio es viable dentro del presupuesto o si es necesario realizar ajustes adicionales. Este proceso de evaluación conjunta permite minimizar riesgos financieros y tomar decisiones informadas que beneficien tanto la calidad técnica del proyecto como su viabilidad económica.

Otro aspecto importante de la gestión financiera en infraestructura es la identificación de fuentes de financiamiento. Los proyectos de infraestructura suelen requerir grandes sumas de dinero, y por lo tanto, es común que se financien a través de diversas fuentes, como financiamiento público, privado, préstamos bancarios, subvenciones, asociaciones público-privadas (APP) y, en algunos casos, a través de organismos multilaterales de financiamiento. La administración financiera debe ser capaz de identificar cuál es la mejor combinación de fuentes de financiamiento según las características del proyecto, el costo del dinero, las condiciones de pago y los plazos. Un enfoque adecuado en la obtención de financiamiento puede reducir significativamente la carga financiera del proyecto y mejorar su rentabilidad. (International Organization for Standardization [ISO]. (2015b).

Asimismo, la gestión de riesgos financieros es un componente integral de la gestión financiera en infraestructura. Los proyectos de esta naturaleza están expuestos a múltiples riesgos, como fluctuaciones en el costo de los materiales, cambios en las tasas de interés, retrasos que implican costos adicionales, y riesgos económicos o políticos que puedan afectar el financiamiento. Los administradores deben llevar a cabo una evaluación de riesgos detallada y desarrollar estrategias para mitigar estos riesgos. Esto podría incluir el uso de contratos de precio fijo para evitar fluctuaciones de costos, la contratación de seguros para cubrir eventos inesperados, y la creación de fondos de contingencia dentro del presupuesto que permitan cubrir gastos imprevistos. (Walker, A., & Rowlinson, S. (2008).

La colaboración entre administración e ingeniería en la gestión financiera también incluye la optimización del uso de recursos económicos, lo cual puede involucrar la implementación de tecnologías y técnicas de construcción más eficientes que, aunque inicialmente pueden parecer más costosas, conllevan ahorros significativos a largo plazo. Por ejemplo, la adopción de metodologías como el Lean Construction permite reducir el desperdicio y mejorar la eficiencia en el uso de materiales y mano de obra, lo que contribuye directamente a la optimización de los costos del proyecto. Los ingenieros pueden proponer innovaciones tecnológicas que optimicen el rendimiento del proyecto, mientras que los administradores evalúan la viabilidad económica de dichas propuestas y se aseguran de que se implementen de manera efectiva y dentro de los límites presupuestarios. (Lingard, H., & Rowlinson, S. (2005).

Finalmente, la transparencia y la rendición de cuentas en la gestión financiera son esenciales para el éxito del proyecto. La infraestructura suele ser financiada con recursos públicos o con fondos que involucran una gran responsabilidad ante diversos stakeholders, incluyendo gobiernos, entidades financieras y la comunidad. Mantener registros financieros precisos, realizar auditorías periódicas y proporcionar informes claros sobre el estado financiero del proyecto son aspectos clave para generar confianza y asegurar que el proyecto se complete de manera exitosa y sin contratiempos financieros. (Chan, A. P. (2014).

2.2 Gestión de Recursos Humanos

Los recursos humanos son fundamentales para el éxito de cualquier proyecto, ya que las personas son las encargadas de ejecutar las tareas, tomar decisiones y asegurar que cada aspecto del proyecto se lleve a cabo de manera efectiva y eficiente. En el contexto de proyectos de infraestructura, la gestión de los recursos humanos es especialmente crítica debido a la complejidad y magnitud de estos proyectos, que implican múltiples fases, tecnologías, y un enfoque riguroso en la seguridad y calidad del trabajo. (Environmental Protection Agency [EPA]. (2016).

La administración de los recursos humanos en proyectos de infraestructura abarca varias actividades esenciales, como la contratación, capacitación, motivación y la asignación de tareas a los trabajadores adecuados para cada actividad. La contratación es la primera etapa y se centra en seleccionar a los individuos que posean las habilidades técnicas y la experiencia necesaria para contribuir al éxito del proyecto. Para esto, se requiere un proceso de selección exhaustivo que permita evaluar a los candidatos no solo en términos de habilidades técnicas, sino también en cuanto a su capacidad de trabajar en equipo, adaptarse a cambios y manejar situaciones de estrés, características todas ellas fundamentales en proyectos de infraestructura. (Franco Reina, 2022).

Una vez que el equipo está conformado, la capacitación se convierte en un componente clave para garantizar la eficiencia y seguridad en la ejecución de las tareas. La infraestructura moderna a menudo implica el uso de tecnologías avanzadas, maquinaria pesada y metodologías innovadoras que requieren habilidades específicas. La administración debe asegurarse de que todos los trabajadores reciban la formación necesaria para utilizar adecuadamente las herramientas y equipos requeridos, así como para cumplir con los estándares de calidad del proyecto. Además, la capacitación en prácticas de seguridad es fundamental para minimizar riesgos y garantizar que todos los empleados comprendan las medidas necesarias para proteger su integridad y la de sus compañeros. (Vanegas, 2019).

La motivación y retención del talento son también aspectos cruciales en la gestión de recursos humanos. Mantener un equipo motivado y comprometido puede hacer la diferencia entre el éxito y el fracaso de un proyecto. La administración debe implementar políticas que favorezcan el bienestar de los trabajadores, como la creación de un ambiente laboral seguro y positivo, la provisión de incentivos por cumplimiento de metas, y el reconocimiento del esfuerzo y desempeño sobresaliente. La motivación de los empleados no solo mejora la productividad, sino que también reduce la rotación de personal, lo cual es especialmente beneficioso en proyectos de largo plazo donde la continuidad y la experiencia acumulada son de gran valor. (Ballard, G., & Howell, G. (2003).

La asignación de tareas es otra responsabilidad clave en la administración de recursos humanos. Cada trabajador debe estar asignado a las actividades que mejor se adecuen a sus habilidades y experiencia, lo que maximiza la productividad y minimiza errores. Esto implica una coordinación continua entre los administradores y los ingenieros del proyecto para definir claramente los perfiles técnicos necesarios para cada etapa del proceso y asegurar que el personal asignado posea las competencias adecuadas. En proyectos de infraestructura, la correcta asignación de recursos humanos es crucial, ya que el trabajo realizado por cada individuo influye directamente en la calidad y seguridad de la infraestructura que se está construyendo.

La gestión de normativas laborales y de seguridad también es una parte fundamental de la administración de recursos humanos. Los proyectos de infraestructura suelen estar sujetos a estrictas regulaciones en términos de seguridad laboral, tanto por la naturaleza de los trabajos involucrados, que a menudo se realizan en condiciones peligrosas, como por la maquinaria y materiales empleados. La administración debe garantizar que se cumplan todas las normativas legales y que se implementen políticas de seguridad para proteger a los trabajadores. Esto incluye la entrega de equipos de protección personal (EPP), la realización de inspecciones de seguridad periódicas, la implementación de programas de capacitación en seguridad, y la elaboración de protocolos de respuesta en caso de emergencias. Cumplir con estas normativas no solo evita sanciones y paralizaciones de obra, sino que también contribuye a la creación de un entorno de trabajo seguro y a la reducción de accidentes laborales.

Por su parte, los ingenieros trabajan de la mano con los administradores para definir los perfiles técnicos requeridos para cada fase del proyecto. Esto incluye determinar qué habilidades específicas se necesitan para la instalación de sistemas complejos, el uso de maquinaria especializada, o la implementación de nuevas tecnologías de construcción. Los ingenieros aportan el conocimiento técnico y pueden proporcionar orientación sobre las capacidades y competencias necesarias, mientras que los administradores se encargan de identificar y contratar al personal más adecuado. Esta colaboración garantiza que cada tarea sea realizada por un trabajador calificado, reduciendo así el riesgo de errores y mejorando la eficiencia del proyecto.

Además, la comunicación y el trabajo en equipo son aspectos fundamentales en la gestión de recursos humanos en proyectos de infraestructura. La coordinación entre los diferentes equipos —ingenieros, obreros, administradores, proveedores y contratistas— requiere de una administración eficaz que facilite la comunicación entre todos los actores involucrados. Esta comunicación debe ser fluida para garantizar que todos estén al tanto del progreso del proyecto, de los cambios que puedan surgir y de las responsabilidades de cada uno. Los administradores deben fomentar un entorno de trabajo colaborativo, en el que cada miembro del equipo se sienta valorado y capaz de contribuir al éxito del proyecto.

Un aspecto cada vez más relevante en la gestión de recursos humanos es la diversidad e inclusión en los proyectos de infraestructura. Las organizaciones que promueven la diversidad en sus equipos encuentran múltiples beneficios, como la aparición de nuevas ideas, una mayor capacidad de resolución de problemas y un ambiente de trabajo enriquecido. La administración de recursos humanos debe esforzarse por crear equipos diversos que incluyan a personas de distintos orígenes, géneros y experiencias, y asegurarse de que todos tengan las mismas oportunidades de desarrollo y crecimiento profesional.

Finalmente, el éxito en la gestión de recursos humanos en infraestructura también implica una planificación a largo plazo que contemple el desarrollo de competencias del personal. En proyectos que se extienden durante varios años, es importante invertir en el desarrollo de habilidades y en la carrera profesional de los trabajadores. Programas de capacitación continua, oportunidades de promoción y una cultura de aprendizaje constante son elementos que permiten mantener un equipo altamente calificado y motivado, preparado para enfrentar los desafíos del proyecto en cada etapa.

2.3 Gestión de Materiales y Tecnologías

La gestión de los materiales y las tecnologías juega un papel crucial en la construcción de infraestructura sostenible, ya que estas decisiones afectan directamente tanto el impacto ambiental del proyecto como su eficiencia y viabilidad a largo plazo. La selección adecuada de los materiales y el uso de tecnologías innovadoras permite reducir el desperdicio, mejorar la calidad de la construcción y contribuir a la sostenibilidad del proyecto. La colaboración efectiva entre los ingenieros, quienes especifican los materiales y tecnologías más adecuados, y los administradores, quienes gestionan su logística y costos, es esencial para garantizar que se cumplan los objetivos de calidad, sostenibilidad y eficiencia del proyecto.

En cuanto a los materiales de construcción, la selección debe basarse en criterios de calidad, durabilidad y sostenibilidad. Los materiales de alta calidad y duraderos son fundamentales para asegurar la longevidad de las infraestructuras, lo cual es un componente esencial de la sostenibilidad. Al elegir materiales que resistan las inclemencias del clima y el desgaste a lo largo del tiempo, se reduce la necesidad de reparaciones y renovaciones frecuentes, lo cual contribuye a minimizar el uso de recursos y la generación de residuos a lo largo del ciclo de vida del proyecto. Por ejemplo, materiales como el acero de alta resistencia y el concreto con aditivos especiales pueden aumentar significativamente la durabilidad de las estructuras.

Además de la durabilidad, la sostenibilidad implica seleccionar materiales con un bajo impacto ambiental. Esto significa optar por aquellos que tengan una menor huella de carbono durante su producción, transporte y disposición. El uso de materiales reciclados y reciclables se ha convertido en una práctica cada vez más común y aceptada en la construcción moderna. Por ejemplo, el concreto reciclado, el acero reciclado y la madera certificada procedente de bosques gestionados de manera responsable son materiales que permiten reducir la explotación de recursos naturales y el impacto ambiental del proyecto. Los ingenieros juegan un papel importante en la evaluación de las propiedades de estos materiales para asegurar que cumplan con los estándares de calidad y seguridad requeridos.

El ciclo de vida de los materiales es otro factor crítico que los ingenieros deben considerar. Esto implica evaluar los impactos ambientales de los materiales durante todas las etapas de su vida útil, desde la extracción de las materias primas hasta su eventual disposición o reciclaje. Este enfoque permite identificar materiales que no solo son más sostenibles durante la fase de construcción, sino que también contribuyen a reducir los impactos a largo plazo. Los ingenieros deben estar al tanto de las nuevas investigaciones y desarrollos en materiales sostenibles para proponer las mejores opciones disponibles, mientras que los administradores deben evaluar la viabilidad económica de estas propuestas y buscar el equilibrio entre costo, calidad y sostenibilidad. (Cleland, D. I., & Ireland, L. R. (2013).

La gestión de la logística y la disponibilidad de materiales es responsabilidad de la administración, y es un componente crucial para garantizar la eficiencia en la ejecución del proyecto. La logística implica coordinar el suministro de materiales para que estos estén disponibles en el momento adecuado y en la cantidad necesaria, evitando retrasos en la construcción. Esto requiere una planificación detallada para sincronizar la entrega de materiales con el cronograma de obra, asegurando que cada fase del proyecto cuente con los recursos necesarios sin generar almacenamiento innecesario, que podría llevar a pérdidas o deterioro. La administración también debe gestionar la relación con proveedores, seleccionando aquellos que puedan garantizar la calidad de los materiales y su entrega oportuna.

El control de costos de los materiales es otro aspecto fundamental que recae en la administración. Los materiales representan una gran parte del costo total de cualquier proyecto de infraestructura, por lo que una gestión adecuada de los mismos es crucial para mantener el proyecto dentro del presupuesto. Los administradores deben llevar un seguimiento continuo de los costos, considerando no solo el precio de compra, sino también los costos asociados con el transporte, almacenamiento y manejo de los materiales. Además, deben estar preparados para enfrentar fluctuaciones en el precio de los materiales, que pueden verse afectadas por factores como la disponibilidad en el mercado, las condiciones económicas y los costos del combustible. En estos casos, la administración debe ser capaz de buscar alternativas viables o renegociar contratos para mitigar el impacto financiero en el proyecto.

En cuanto a las tecnologías de construcción, la innovación tecnológica desempeña un papel crucial en la mejora de la eficiencia y sostenibilidad de los proyectos de infraestructura. Las tecnologías modernas permiten no solo optimizar los procesos de construcción, sino también reducir el impacto ambiental. Por ejemplo, el uso del Modelado de Información de Construcción (BIM) permite a los ingenieros y administradores trabajar con modelos digitales tridimensionales del proyecto, lo cual facilita la planificación y la toma de decisiones informadas. Con BIM, los ingenieros pueden evaluar diferentes opciones de diseño y materiales, simulando su comportamiento y su impacto antes de iniciar la construcción, lo cual contribuye a minimizar el desperdicio y optimizar el uso de recursos.

Otra tecnología que está revolucionando la construcción es la impresión 3D, la cual permite la fabricación de componentes estructurales de forma precisa y eficiente. Esta tecnología no solo reduce el desperdicio de materiales, sino que también disminuye los tiempos de construcción y permite la creación de diseños complejos que serían difíciles de lograr con métodos tradicionales. La impresión 3D puede ser utilizada tanto para la fabricación de elementos estructurales como para la producción de partes decorativas o funcionales, y su adopción está empezando a ganar tracción en la industria de la construcción.

Además, la adopción de tecnologías como la prefabricación y los módulos prefabricados también ha demostrado ser efectiva para mejorar la eficiencia y la sostenibilidad de los proyectos de infraestructura. La prefabricación implica la construcción de elementos de infraestructura en un entorno controlado, fuera del sitio de obra, para luego ser transportados y ensamblados en su ubicación definitiva. Esta técnica reduce significativamente los tiempos de construcción y mejora la calidad del trabajo, ya que los elementos se fabrican bajo condiciones óptimas y son menos propensos a errores. La prefabricación también minimiza el impacto en el sitio de construcción, reduciendo la generación de residuos y las emisiones asociadas con el transporte y el uso de maquinaria pesada en el lugar de la obra.

La colaboración entre los ingenieros y los administradores es esencial para maximizar los beneficios de la gestión de materiales y tecnologías. Los ingenieros deben identificar los materiales y tecnologías más apropiados en función de los objetivos del proyecto, asegurándose de que estos cumplan con los estándares técnicos y de sostenibilidad. Al mismo tiempo, los administradores deben garantizar que la selección de materiales y tecnologías sea viable desde el punto de vista económico y que su implementación sea eficiente en términos logísticos y de costos. Esta colaboración permite optimizar el uso de los recursos, reducir el desperdicio, garantizar la calidad del proyecto y cumplir con los objetivos de sostenibilidad

2.4 Enfoques Sostenibles

La sostenibilidad es un aspecto crítico en la construcción de infraestructuras modernas, y su relevancia ha aumentado exponencialmente en los últimos años debido a los desafíos del cambio climático, el agotamiento de los recursos naturales y la necesidad de construir entornos urbanos resilientes. Las infraestructuras sostenibles no solo buscan minimizar el impacto ambiental durante la construcción, sino que también están diseñadas para operar de manera eficiente a lo largo de su ciclo de vida, optimizando el uso de energía, agua y otros recursos, y contribuyendo a la calidad de vida de las comunidades.

Uno de los componentes clave de la sostenibilidad es la utilización de materiales reciclados y sostenibles. Elegir materiales que hayan sido reciclados o que puedan ser reciclados al final de su vida útil ayuda a reducir el consumo de materias primas y la generación de residuos. Materiales como el concreto reciclado, el acero reutilizado y la madera proveniente de fuentes certificadas son ejemplos de alternativas que pueden contribuir significativamente a disminuir el impacto ambiental. Además de utilizar materiales reciclados, los ingenieros también deben considerar la huella de carbono de los materiales que seleccionan, optando por aquellos que emitan menos gases de efecto invernadero durante su producción y transporte. La reducción del impacto ambiental desde la selección de los materiales es una estrategia esencial para construir infraestructuras más sostenibles.

La eficiencia energética es otro pilar fundamental de la sostenibilidad en infraestructuras modernas. En el diseño de estructuras eficientes, los ingenieros se encargan de incorporar medidas que reduzcan el consumo energético, tanto durante la construcción como en la operación de la infraestructura. Esto incluye el diseño de sistemas de iluminación natural, la integración de sistemas de ventilación eficientes, el uso de aislamiento térmico adecuado y la instalación de tecnologías de energía renovable, como paneles solares o turbinas eólicas. La eficiencia energética no solo contribuye a reducir el impacto ambiental, sino que también se traduce en ahorros económicos a largo plazo, lo cual es beneficioso tanto para los propietarios de la infraestructura como para los usuarios finales.

El diseño de infraestructuras eficientes también requiere una planificación cuidadosa para reducir las emisiones de carbono. Esto incluye la selección de métodos constructivos que minimicen la generación de emisiones, como el uso de maquinaria eficiente y la planificación de procesos para reducir la cantidad de tiempo y energía necesarios. Por ejemplo, la adopción de tecnologías de construcción modular puede reducir significativamente el consumo de energía durante la construcción, ya que permite fabricar componentes en un entorno controlado y luego ensamblarlos en el sitio, minimizando el uso de maquinaria pesada y la emisión de contaminantes.

La gestión adecuada de los desechos generados durante la construcción es otra práctica sostenible clave. En los proyectos de infraestructura, la cantidad de residuos generados puede ser considerable, y la forma en que se gestionen esos residuos tiene un impacto directo en el medio ambiente. Implementar estrategias para reducir, reutilizar y reciclar los materiales sobrantes es fundamental para minimizar el impacto. Esto implica el desarrollo de un plan de gestión de residuos que contemple el reciclaje de escombros, la reutilización de materiales y la correcta disposición de aquellos residuos que no se puedan recuperar. Además, la planificación adecuada y la adopción de técnicas de construcción más precisas pueden contribuir a reducir significativamente la cantidad de desperdicios generados.

En este contexto, los ingenieros juegan un rol clave en el diseño de estructuras sostenibles y la implementación de tecnologías verdes. Durante la fase de diseño, los ingenieros deben considerar factores como la eficiencia en el uso de recursos, la integración de sistemas de energía renovable y la minimización del impacto ambiental a lo largo del ciclo de vida del proyecto. El diseño debe ser adaptable, previendo la capacidad de la infraestructura para evolucionar con las necesidades futuras, lo cual es particularmente relevante en un contexto de creciente urbanización y cambio climático. Los ingenieros también tienen la responsabilidad de innovar y explorar nuevas tecnologías que puedan contribuir a la sostenibilidad de los proyectos, desde materiales más ecológicos hasta procesos constructivos que minimicen el impacto en el entorno.

Por otro lado, los administradores de proyectos son fundamentales en la implementación de políticas y estrategias sostenibles durante todo el ciclo de vida de la infraestructura. Los administradores deben asegurar que las decisiones tomadas durante la planificación, construcción y operación de la infraestructura estén alineadas con los objetivos de sostenibilidad del proyecto. Esto incluye garantizar el cumplimiento de las normativas ambientales locales e internacionales, buscar certificaciones ambientales como LEED o BREEAM, y gestionar los recursos de manera eficiente para minimizar el impacto económico y ambiental. Además, la administración debe evaluar el costo-beneficio de las tecnologías y prácticas sostenibles, buscando siempre un equilibrio entre viabilidad económica y sostenibilidad.

Un aspecto importante en la integración de prácticas sostenibles es la promoción de una cultura de sostenibilidad entre todos los actores involucrados en el proyecto, desde los ingenieros y constructores hasta los usuarios finales. La sensibilización y la capacitación del personal son esenciales para asegurar que todos comprendan la importancia de la sostenibilidad y cómo pueden contribuir a ella en sus tareas diarias. Los administradores juegan un papel clave en la implementación de programas de formación y en la creación de incentivos para promover prácticas sostenibles entre el personal del proyecto.

La sostenibilidad durante la fase de operación y mantenimiento de la infraestructura es otro factor crítico. No basta con diseñar y construir infraestructuras sostenibles; también es necesario asegurarse de que se operen y mantengan de manera eficiente para que continúen cumpliendo con sus objetivos de sostenibilidad. Esto implica la implementación de sistemas de monitoreo y control que permitan evaluar el consumo de energía y agua, así como la identificación de áreas en las que se pueda mejorar la eficiencia. La administración debe planificar actividades de mantenimiento preventivo y predictivo para prolongar la vida útil de la infraestructura y evitar reparaciones costosas y disruptivas.

La adaptabilidad y resiliencia de la infraestructura también son componentes esenciales de la sostenibilidad moderna. A medida que el clima cambia y las ciudades crecen, las infraestructuras deben ser capaces de adaptarse a nuevas condiciones y demandas. Esto incluye diseñar estructuras que puedan soportar condiciones climáticas extremas, como inundaciones, olas de calor o terremotos, y que sean flexibles para permitir futuras modificaciones y expansiones. La resiliencia se ha convertido en un pilar de la sostenibilidad, ya que asegura que las infraestructuras puedan seguir siendo funcionales y seguras incluso frente a eventos inesperados.

2.5 Colaboración para la Sostenibilidad

La colaboración entre la administración y la ingeniería es esencial para la gestión eficiente de recursos y para garantizar la sostenibilidad en los proyectos de infraestructura. Esta cooperación interdisciplinaria no solo facilita la planificación efectiva y el uso racional de recursos, sino que también asegura que se adopten y se mantengan prácticas sostenibles en cada fase del proyecto, desde su concepción hasta su operación y mantenimiento. La integración de conocimientos y habilidades de ambas disciplinas permite abordar los desafíos del proyecto de manera holística, considerando aspectos técnicos, financieros, humanos y ambientales de manera simultánea.

La planificación conjunta entre administración e ingeniería es la base para el éxito de cualquier proyecto de infraestructura. Los ingenieros aportan su experiencia técnica para el diseño y la construcción, asegurando que las soluciones adoptadas sean técnicamente viables y cumplan con los estándares de calidad. Al mismo tiempo, los administradores aportan una perspectiva financiera y estratégica, asegurándose de que las decisiones técnicas sean económicamente viables y sostenibles en el tiempo. La colaboración entre ambas áreas permite que se definan objetivos claros y alcanzables, y que se establezcan cronogramas realistas y presupuestos bien fundamentados. Esta planificación integral no solo facilita el uso óptimo de los recursos financieros, humanos y materiales, sino que también ayuda a anticipar y mitigar posibles riesgos que puedan afectar el desarrollo del proyecto.

La gestión de recursos financieros es uno de los aspectos en los que la colaboración entre administración e ingeniería resulta más evidente y necesaria. La administración se encarga de la planificación y asignación de los recursos financieros, mientras que los ingenieros proporcionan la información necesaria para evaluar los costos asociados con cada aspecto técnico del proyecto. Juntos, pueden identificar áreas en las que se pueda reducir el desperdicio, optimizar el uso de materiales y seleccionar tecnologías que sean rentables y sostenibles. Esta colaboración también permite evaluar la viabilidad de adoptar tecnologías más avanzadas o materiales sostenibles que, aunque puedan tener un costo inicial más alto, aportan beneficios significativos en términos de eficiencia y sostenibilidad a largo plazo.

En cuanto a la gestión de recursos humanos, la colaboración entre administración e ingeniería es igualmente crucial. Los administradores son responsables de la contratación y asignación de personal, asegurándose de que se cuente con suficientes trabajadores calificados en cada fase del proyecto. Por su parte, los ingenieros definen los perfiles técnicos necesarios y proporcionan la capacitación técnica para garantizar que cada miembro del equipo esté preparado para ejecutar sus tareas de manera eficiente y segura. La planificación conjunta de los recursos humanos permite asignar las responsabilidades de manera adecuada, evitando la duplicación de esfuerzos y garantizando que cada trabajador esté involucrado en actividades que se alineen con sus habilidades y experiencia. Esto no solo mejora la eficiencia operativa, sino que también contribuye a la motivación y satisfacción del personal.

La gestión de recursos materiales también se beneficia enormemente de la colaboración entre administración e ingeniería. Los ingenieros son responsables de especificar los materiales necesarios para el proyecto, evaluando su durabilidad, calidad y sostenibilidad. Los administradores, por otro lado, se encargan de asegurar la logística, disponibilidad y control de costos de estos materiales. Trabajando juntos, pueden buscar alternativas que sean tanto técnica como económicamente viables, garantizando que se seleccionen materiales de alta calidad que sean duraderos y que tengan un bajo impacto ambiental. La administración también se ocupa de coordinar el suministro de materiales, asegurando que estén disponibles en el momento adecuado, lo cual es fundamental para evitar retrasos y sobrecostos durante la construcción.

La integración de prácticas sostenibles en todas las fases del proyecto es uno de los principales beneficios de la colaboración entre administración e ingeniería. Los ingenieros son los encargados de identificar y proponer soluciones técnicas que permitan mejorar la sostenibilidad del proyecto, tales como el uso de materiales reciclados, la implementación de sistemas de eficiencia energética y la minimización de residuos durante la construcción. Los administradores, por su parte, se encargan de implementar políticas y estrategias que aseguren que estas prácticas se mantengan y se apliquen de manera efectiva durante todas las fases del proyecto. Esto incluye el cumplimiento de normativas ambientales, la búsqueda de certificaciones de sostenibilidad, y la coordinación con los diferentes actores involucrados en el proyecto para garantizar un enfoque alineado hacia la sostenibilidad.

La colaboración entre administración e ingeniería también es esencial para mitigar riesgos y asegurar la resiliencia del proyecto. Durante la fase de planificación, los ingenieros y administradores trabajan juntos para identificar posibles riesgos, como problemas técnicos, restricciones financieras, impactos ambientales o riesgos de seguridad. Una vez identificados, se desarrollan estrategias de mitigación que permiten reducir la probabilidad de que estos riesgos se materialicen y minimizan su impacto en caso de que ocurran. La colaboración entre ambas disciplinas permite abordar los riesgos de manera integral, considerando no solo los aspectos técnicos del proyecto, sino también sus implicaciones económicas, sociales y ambientales.

Otra ventaja de la colaboración entre administración e ingeniería es la capacidad de maximizar la viabilidad del proyecto a largo plazo. La sostenibilidad no se limita únicamente a la construcción de infraestructuras que minimicen el impacto ambiental durante la fase de construcción; también implica diseñar y gestionar infraestructuras que sean eficientes y sostenibles durante todo su ciclo de vida. Los ingenieros, en colaboración con los administradores, deben planificar para asegurar que la infraestructura sea fácil de operar y mantener, que tenga bajos costos operativos y que pueda adaptarse a cambios futuros, como el crecimiento de la demanda o el cambio climático. Esta visión de largo plazo permite construir infraestructuras resilientes que seguirán siendo funcionales y útiles para las generaciones futuras, maximizando su valor y reduciendo el impacto ambiental a lo largo del tiempo.

2.6 Conclusión

La gestión de recursos y la sostenibilidad son pilares fundamentales en la construcción de infraestructuras eficientes y resilientes. Estos dos elementos, cuando se integran adecuadamente en cada fase del proyecto, permiten crear estructuras que no solo satisfacen las necesidades actuales de la sociedad, sino que también están preparadas para afrontar los desafíos del futuro. La colaboración efectiva entre los administradores e ingenieros en la planificación y ejecución de proyectos garantiza que se optimicen los recursos financieros, humanos y materiales, al tiempo que se reduce el impacto ambiental, asegurando así el éxito y la sostenibilidad a largo plazo.

En un contexto donde los recursos son cada vez más limitados y las demandas de sostenibilidad son crecientes, resulta imprescindible que la administración y la ingeniería trabajen de manera conjunta y alineada. Esta colaboración es clave para desarrollar soluciones innovadoras que maximicen la eficiencia y la calidad del proyecto, minimicen el desperdicio y promuevan la resiliencia de la infraestructura. La integración de nuevas tecnologías, prácticas sostenibles y estrategias de gestión eficaz permite crear infraestructuras que no solo se adapten a las necesidades cambiantes, sino que también contribuyan activamente a la mejora del entorno y al bienestar de las comunidades. En definitiva, la sinergia entre administración e ingeniería es esencial para alcanzar un desarrollo sostenible que beneficie a las generaciones presentes y futuras.

3 Capítulo 3: implementación y monitoreo en proyectos de infraestructura

2.7 Enfoques para la Ejecución Eficiente de Proyectos de Infraestructura

La ejecución eficiente de proyectos de infraestructura requiere de un enfoque integral que contemple aspectos técnicos, financieros, logísticos y ambientales, así como una planificación detallada y un control constante del avance del proyecto. Este enfoque debe incluir la evaluación de riesgos, la asignación óptima de recursos y la flexibilidad necesaria para adaptarse a cambios imprevistos que puedan surgir durante la ejecución. Las técnicas de gestión de proyectos, como la metodología Lean Construction y el uso del Modelado de Información de Construcción (BIM), permiten mejorar la eficiencia, reducir el desperdicio y optimizar los recursos. Lean Construction busca maximizar el valor para el cliente al eliminar actividades que no agregan valor, mientras que BIM facilita la visualización integral del proyecto y la coordinación entre los distintos actores.

La coordinación entre los diferentes equipos involucrados y la comunicación clara y efectiva son fundamentales para garantizar que todas las partes trabajen hacia los mismos objetivos, minimizando así errores, conflictos y retrasos. Para lograr una ejecución eficiente, es esencial establecer un sistema de comunicación abierto que permita la retroalimentación continua entre los equipos, fomentando un ambiente colaborativo. Además, la integración de herramientas digitales, como plataformas colaborativas, software de gestión de proyectos y sistemas de monitoreo en tiempo real, facilita la comunicación y asegura que la información esté disponible para todos los interesados de manera oportuna, permitiendo una toma de decisiones más ágil y fundamentada. (Kerzner, 2018).

Otro aspecto clave en la ejecución eficiente es la gestión del cronograma. La planificación debe incluir hitos específicos que permitan evaluar el progreso y realizar ajustes cuando sea necesario, asegurando que se cumplan los plazos y se optimicen los recursos disponibles. Un cronograma bien estructurado debe ser lo suficientemente flexible para adaptarse a contingencias, pero también detallado para garantizar que cada actividad tenga un tiempo definido de inicio y finalización. La capacidad de identificar los caminos críticos del proyecto permite a los administradores y a los ingenieros enfocar los esfuerzos en aquellas tareas que, de no ser completadas a tiempo, podrían retrasar el proyecto en su totalidad.

La gestión de la calidad es igualmente importante para la ejecución eficiente de proyectos de infraestructura. Los ingenieros y administradores deben trabajar en conjunto para establecer estándares de calidad desde el principio y asegurarse de que todos los materiales y procesos cumplan con estos estándares. La implementación de controles de calidad en cada fase del proyecto permite identificar problemas antes de que se conviertan en mayores obstáculos, asegurando así la entrega de una infraestructura que cumpla con los requisitos técnicos y las expectativas de los stakeholders. Además, la calidad en la ejecución contribuye a la sostenibilidad del proyecto, ya que infraestructuras bien construidas requieren menos reparaciones y mantenimiento a largo plazo. (Schwaber & Sutherland, 2017).

La asignación de recursos también juega un papel fundamental en la ejecución eficiente. La asignación óptima de mano de obra, materiales, maquinaria y equipos es necesaria para asegurar que cada fase del proyecto cuente con los recursos necesarios en el momento adecuado. La planificación detallada debe contemplar las cantidades de materiales, los tiempos de entrega y la disponibilidad de equipos, de modo que no haya interrupciones que puedan retrasar la ejecución. La utilización de sistemas de planificación de recursos, como ERP (Enterprise Resource Planning), facilita la gestión de estos aspectos, permitiendo un mejor control y la capacidad de respuesta ante cambios en las necesidades del proyecto.

Finalmente, es importante tener en cuenta la gestión de los costos durante la ejecución del proyecto. Un enfoque integral para la gestión de costos implica no solo cumplir con el presupuesto, sino también buscar continuamente formas de reducir gastos sin comprometer la calidad del proyecto. La implementación de técnicas de valor ganado (Earned Value Management, EVM) ayuda a los administradores a medir el desempeño del proyecto en términos de costos y tiempo, proporcionando una visión clara de si el proyecto está en línea con los objetivos financieros. De esta manera, los ingenieros y administradores pueden tomar decisiones informadas y proactivas para corregir cualquier desviación y garantizar la eficiencia del proyecto.

3.2 Estrategias de Monitoreo y Evaluación Continua

El monitoreo y la evaluación continua son esenciales para garantizar que el proyecto se mantenga alineado con los objetivos establecidos en términos de tiempo, costo y calidad. Las estrategias de monitoreo incluyen la utilización de indicadores clave de desempeño (KPI) que permitan evaluar el progreso y la calidad del proyecto en cada etapa. Herramientas tecnológicas como el BIM, los drones y los sistemas de gestión de proyectos también contribuyen a un monitoreo más preciso y eficiente, facilitando la toma de decisiones informadas y permitiendo ajustes rápidos cuando sea necesario. (PMI, 2017)

El uso de indicadores clave de desempeño (KPI) permite evaluar aspectos fundamentales del proyecto, tales como el avance físico, el cumplimiento de plazos, el control de calidad, la seguridad en el sitio de trabajo y el impacto ambiental. Estos indicadores proporcionan una visión cuantitativa del desempeño del proyecto, ayudando a los administradores y a los ingenieros a identificar áreas problemáticas y a implementar medidas correctivas de manera oportuna. Los KPI deben ser definidos durante la etapa de planificación y deben ser revisados y actualizados según sea necesario para reflejar cambios en los objetivos del proyecto o en las condiciones externas. (Lock, 2020).

El uso de drones ha revolucionado la forma en que se realiza el monitoreo en proyectos de infraestructura. Estos dispositivos permiten realizar inspecciones aéreas detalladas, capturando imágenes y videos de alta resolución que proporcionan una visión integral del avance de la construcción. Los drones son especialmente útiles en sitios de difícil acceso o de gran extensión, donde las inspecciones manuales serían complicadas y llevarían mucho tiempo. Las imágenes obtenidas se pueden utilizar para comparar el estado actual de la obra con los planos y modelos digitales, identificando discrepancias y ayudando a resolver problemas antes de que se conviertan en obstáculos significativos. (ISO, 2015b).

La tecnología de sensores IoT (Internet de las Cosas) también juega un papel importante en el monitoreo continuo de proyectos de infraestructura. Los sensores instalados en diferentes partes del sitio de construcción pueden proporcionar datos en tiempo real sobre condiciones ambientales, como la temperatura y humedad, así como sobre el desempeño de equipos y la estabilidad de estructuras. Estos datos permiten a los ingenieros tomar decisiones basadas en información precisa y actualizada, mejorando la seguridad, la eficiencia y la calidad del proyecto. La integración de estas tecnologías en una plataforma de gestión centralizada permite tener un control más exhaustivo del proyecto, facilitando la identificación temprana de riesgos y la implementación de medidas preventivas.

3.3 Impacto Ambiental durante la Ejecución

Durante la ejecución de los proyectos de infraestructura, es crucial minimizar el impacto ambiental asociado con las actividades de construcción. Esto implica la gestión adecuada de residuos, la reducción de emisiones, la protección de recursos naturales y la implementación de buenas prácticas ambientales. La colaboración entre ingenieros, administradores y especialistas en medio ambiente permite identificar riesgos potenciales y mitigar impactos, promoviendo una construcción responsable y respetuosa con el entorno. (International Organization for Standardization [ISO]. (2015a).

La gestión de residuos es un aspecto clave en la reducción del impacto ambiental durante la ejecución de un proyecto. La separación y reciclaje de materiales de construcción, como el concreto, el metal y la madera, no solo ayuda a minimizar la cantidad de residuos que se envían a los vertederos, sino que también contribuye a la economía circular al reintroducir materiales en la cadena de producción. Además, es importante implementar prácticas para minimizar la generación de residuos desde el inicio, como el uso de técnicas de construcción más precisas y la planificación adecuada de las cantidades de materiales necesarios. (Becerik-Gerber et al., 2012)

La reducción de emisiones de gases de efecto invernadero y otros contaminantes es otro componente esencial para mitigar el impacto ambiental. Esto puede lograrse mediante el uso de maquinaria eficiente en términos de consumo de combustible, la adopción de tecnologías eléctricas o híbridas y la optimización de las operaciones de construcción para minimizar el tiempo de uso de la maquinaria pesada. Además, la implementación de planes de transporte eficientes que reduzcan los desplazamientos innecesarios y promuevan el uso compartido de vehículos también contribuye a la reducción de emisiones. (Eastman et al., 2011).

La protección de los recursos naturales durante la construcción implica minimizar el impacto en los ecosistemas locales. Esto puede incluir la protección de áreas sensibles, como cuerpos de agua y hábitats de especies protegidas, así como la reforestación de áreas afectadas por la construcción. La evaluación de impacto ambiental, realizada antes del inicio del proyecto, es fundamental para identificar los riesgos potenciales y establecer medidas de mitigación adecuadas. Durante la ejecución, es esencial llevar a cabo un seguimiento continuo para garantizar que se cumplan las medidas establecidas y que cualquier impacto imprevisto se aborde de inmediato. (Ahmed et al., 2019).

3.4 Seguridad y Salud Ocupacional

La seguridad y la salud ocupacional son aspectos fundamentales en la ejecución de proyectos de infraestructura, debido a la naturaleza de las actividades involucradas, que suelen presentar riesgos para los trabajadores. Es fundamental implementar un sistema de gestión de seguridad y salud que contemple la identificación de riesgos, la capacitación del personal, el uso de equipos de protección personal (EPP) y la vigilancia continua del cumplimiento de las normativas. La prevención de accidentes y la promoción de un ambiente de trabajo seguro no solo protegen la salud de los trabajadores, sino que también contribuyen a la eficiencia y calidad del proyecto. (EPA, 2016).

La identificación de riesgos es el primer paso para garantizar la seguridad en el sitio de construcción. Esto implica realizar evaluaciones de riesgos detalladas antes del inicio del proyecto y mantener una evaluación constante durante toda la ejecución. Los riesgos pueden incluir caídas, accidentes con maquinaria, exposición a sustancias peligrosas, entre otros. Es esencial que los riesgos se identifiquen de manera proactiva y que se establezcan medidas preventivas para mitigarlos, como la instalación de barandillas, la señalización de áreas peligrosas y la implementación de procedimientos seguros para el manejo de maquinaria.

La capacitación del personal es crucial para asegurar que los trabajadores sean conscientes de los riesgos a los que están expuestos y conozcan las mejores prácticas para prevenir accidentes. Los programas de capacitación deben incluir simulacros de emergencia, formación en el uso correcto de equipos y herramientas, y la promoción de una cultura de seguridad en el lugar de trabajo. La capacitación debe ser continua y adaptarse a las necesidades específicas del proyecto, asegurando que todos los trabajadores, incluidos los nuevos empleados y los subcontratistas, reciban la formación adecuada antes de comenzar sus tareas.

El uso adecuado de equipos de protección personal (EPP) es otro componente esencial para proteger a los trabajadores. Los administradores deben garantizar que todos los trabajadores tengan acceso a los EPP necesarios, como cascos, guantes, chalecos reflectantes, arneses de seguridad y gafas de protección, y que estos equipos se utilicen correctamente en todo momento. Además, es importante realizar inspecciones periódicas para verificar el estado de los EPP y reemplazar cualquier equipo que esté dañado o desgastado, asegurando así que los trabajadores estén siempre protegidos. (UNEP, 2017).

La vigilancia continua del cumplimiento de las normativas de seguridad es fundamental para mantener un entorno de trabajo seguro. Esto incluye la realización de auditorías de seguridad regulares, la supervisión constante de las actividades en el sitio de construcción y la implementación de medidas correctivas cuando se identifiquen incumplimientos. La vigilancia también implica fomentar una cultura de seguridad en la que todos los trabajadores se sientan responsables de su propia seguridad y de la de sus compañeros, incentivando la comunicación abierta sobre posibles riesgos y la participación en iniciativas de mejora de la seguridad.

La promoción de un ambiente de trabajo seguro y saludable también tiene un impacto positivo en la productividad del proyecto. Un ambiente seguro reduce la incidencia de accidentes y lesiones, lo que a su vez disminuye las interrupciones en el trabajo y los costos asociados con el tratamiento médico y la compensación de los trabajadores. Además, un entorno de trabajo seguro y bien gestionado mejora la moral de los trabajadores, lo que contribuye a una mayor motivación y eficiencia en la ejecución de sus tareas.

3.5 Gestión de Riesgos y Contingencias

La gestión de riesgos es un componente esencial en la implementación de proyectos de infraestructura, ya que estos proyectos suelen enfrentar una variedad de riesgos técnicos, financieros, ambientales y sociales. La identificación temprana de riesgos y la elaboración de planes de contingencia permiten anticipar posibles problemas y minimizar su impacto en el proyecto. La colaboración entre administradores e ingenieros es crucial para evaluar los riesgos de manera integral y desarrollar estrategias efectivas para su mitigación, asegurando la continuidad y éxito del proyecto.

La identificación de riesgos debe realizarse desde las primeras fases del proyecto y ser un proceso continuo a lo largo de toda la ejecución. Los riesgos técnicos pueden incluir fallas en el diseño, problemas con la calidad de los materiales o dificultades durante la construcción. Los riesgos financieros, por otro lado, pueden involucrar sobrecostos debido a fluctuaciones en los precios de los materiales o retrasos que aumenten los gastos. Los riesgos ambientales incluyen posibles daños a los ecosistemas, mientras que los riesgos sociales abarcan problemas como la oposición de las comunidades locales o conflictos laborales. Para identificar estos riesgos, es esencial realizar evaluaciones exhaustivas y contar con la participación de todos los interesados, desde los ingenieros hasta las autoridades locales y la comunidad. (OSHA, 2020).

Una vez identificados los riesgos, se deben desarrollar planes de mitigación que permitan reducir la probabilidad de que dichos riesgos se materialicen y minimizar su impacto si llegan a ocurrir. Estos planes pueden incluir acciones como el uso de materiales alternativos en caso de problemas de suministro, la implementación de procesos constructivos más seguros para evitar accidentes, o la elaboración de estrategias financieras para asegurar fondos adicionales en caso de sobrecostos. La implementación de estas medidas debe ser monitoreada constantemente, y los planes de mitigación deben ser revisados y actualizados según sea necesario para adaptarse a los cambios en el proyecto o en el entorno.

Los planes de contingencia son otra herramienta fundamental en la gestión de riesgos. Estos planes establecen las acciones que se deben tomar cuando un riesgo se materializa, con el objetivo de minimizar su impacto y asegurar que el proyecto pueda continuar. Por ejemplo, un plan de contingencia para un problema de suministro de materiales podría incluir acuerdos previos con proveedores alternativos, mientras que un plan para una emergencia ambiental podría contemplar la movilización de equipos especializados para mitigar los daños. Los planes de contingencia deben ser claros, detallados y conocidos por todos los miembros del equipo, de modo que puedan ser implementados de manera rápida y efectiva cuando sea necesario.

La evaluación del riesgo residual es un paso importante después de implementar las medidas de mitigación. Este proceso implica analizar los riesgos que permanecen luego de aplicar las medidas preventivas y determinar si estos riesgos son aceptables o si se requieren medidas adicionales. La evaluación del riesgo residual permite a los administradores y a los ingenieros tener una visión clara del nivel de exposición al riesgo y tomar decisiones informadas sobre cómo proceder.

La documentación de los riesgos y de las estrategias de mitigación y contingencia es esencial para asegurar la transparencia y la eficiencia en la gestión de riesgos. Todos los riesgos identificados, junto con las medidas tomadas para mitigarlos, deben ser registrados y actualizados regularmente. Esta documentación sirve como referencia para el equipo de proyecto y también para futuros proyectos, ya que permite aprender de las experiencias pasadas y mejorar la capacidad de gestión de riesgos.

Además, la cultura organizacional desempeña un papel crucial en la gestión de riesgos. Promover una cultura de comunicación abierta y proactiva respecto a los riesgos ayuda a identificar problemas potenciales antes de que se conviertan en obstáculos importantes. Los trabajadores, ingenieros y administradores deben sentirse empoderados para reportar riesgos y sugerir soluciones, sin temor a represalias. Esta cultura de seguridad y prevención fomenta un ambiente en el que todos los miembros del equipo están comprometidos con la identificación y mitigación de riesgos.

La tecnología también juega un papel importante en la gestión de riesgos. Herramientas como el Modelado de Información de Construcción (BIM) y los sistemas de gestión de riesgos basados en software permiten visualizar los riesgos potenciales y evaluar el impacto de diferentes escenarios. BIM, por ejemplo, facilita la detección de posibles conflictos en el diseño antes de que comiencen las actividades de construcción, mientras que los sistemas de software permiten monitorear los riesgos de manera continua y generar reportes que ayudan en la toma de decisiones.

3.6 Conclusión

La implementación y monitoreo en proyectos de infraestructura requieren una gestión cuidadosa que integre eficiencia en la ejecución, uso de tecnologías avanzadas y sostenibilidad. La gestión de riesgos y la evaluación continua garantizan un desarrollo conforme a los objetivos, mientras que la revisión final aporta conocimientos valiosos para futuras iniciativas.

3.7 Referencia:

Ahmed, S., Farooqui, R., & Saqib, M. (2019). *Drones and construction: The rise of the machines*. International Journal of Construction Education and Research, 15(4), 325-344.

Ballard, G., & Howell, G. (2003). *Lean project management*. Journal of Building and Environment, 6(2), 115-125.

Becerik-Gerber, B., Jazizadeh, F., Li, N., & Calis, G. (2012). *Application areas and data requirements for BIM-enabled facilities management*. Journal of Construction Engineering and Management, 138(3), 431-442.

Bent, J. A., & Humphreys, K. K. (2009). *Gestión efectiva de proyectos a través de la aplicación de control de costos y cronogramas*. CRC Press.

Chan, A. P. (2014). *Manual de gestión de proyectos de construcción*. Routledge.

Cleland, D. I., & Ireland, L. R. (2013). *Gestión de proyectos: Diseño estratégico e implementación*. McGraw-Hill.

Eastman, C., Teicholz, P., Sacks, R., & Liston, K. (2011). *BIM Handbook: A Guide to Building Information Modeling*. Wiley.

Environmental Protection Agency [EPA]. (2016). *Construction and demolition debris recycling*. https://www.epa.gov/recycle

Instituto de Gestión de Proyectos. (2021). *Guía para el cuerpo de conocimiento de la gestión de proyectos (guía PMBOK)*. Instituto de Gestión de Proyectos.

International Organization for Standardization [ISO]. (2015a). *ISO 9001: Quality management systems*. ISO.

International Organization for Standardization [ISO]. (2015b). *ISO 14001: Environmental management systems*. ISO.

Kerzner, H. (2017). *Gestión de proyectos: Un enfoque sistémico para la planificación, la programación y el control*. John Wiley & Sons.

Kerzner, H. (2018). *Project Management: A Systems Approach to Planning, Scheduling, and Controlling*. Wiley.

Koskela, L. (1992). *Application of the new production philosophy to construction*. Stanford University.

Lingard, H., & Rowlinson, S. (2005). *Occupational Health and Safety in Construction Project Management*. Routledge.

Lock, D. (2020). *Project Management*. Gower.

Meredith, J. R., & Mantel, S. J. (2017). *Project Management: A Managerial Approach*. Wiley.

Occupational Safety and Health Administration [OSHA]. (2020). *Construction industry standards*. https://www.osha.gov

Project Management Institute [PMI]. (2017). *A Guide to the Project Management Body of Knowledge (PMBOK Guide)*. PMI.

Rodríguez, A., González, L., & Ramírez, M. (2019). *Desarrollo sostenible de infraestructuras: El papel de la ingeniería y la gestión de proyectos*. Revista de Sistemas de Infraestructura, 25(1), 1-12.

Schwaber, K., & Sutherland, J. (2017). *The Scrum Guide*.

Smith, P. G., & Reinertsen, D. G. (2014). *Desarrollar productos en la mitad de tiempo: Nuevas reglas, nuevas herramientas*. John Wiley & Sons.

Walker, A., & Rowlinson, S. (2008). *Sistemas de compras: Una perspectiva de gestión de proyectos intersectoriales*. Routledge.

3.7 Minicurrículo de los Autores

Alejandro Enrique Nesci Montalvan: Estudiante de Administración de Empresas con un enfoque en la organización y gestión eficiente. Disfruta trabajar en equipo y se considera un gran pensador.

Ricardo José Baldizón López: Estudiante de Ingeniería Civil con sólida ética de trabajo y habilidades en trabajo en equipo. Con un interés particular en el desarrollo y la sostenibilidad de proyectos de infraestructura.

Carlos Alexander Mendoza Jacomino: Doctor en ciencia, investigador titular y académico de la universidad americana (UAM).

Printed by Books on Demand GmbH, Norderstedt / Germany